Senthuran Rasanayagam

INJECTOR PORTÁTIL DE CORRENTE PRIMÁRIA PARA ENSAIO DE DISJUNTORES

Senthuran Rasanayagam

INJECTOR PORTÁTIL DE CORRENTE PRIMÁRIA PARA ENSAIO DE DISJUNTORES

ScienciaScripts

Imprint

Any brand names and product names mentioned in this book are subject to trademark, brand or patent protection and are trademarks or registered trademarks of their respective holders. The use of brand names, product names, common names, trade names, product descriptions etc. even without a particular marking in this work is in no way to be construed to mean that such names may be regarded as unrestricted in respect of trademark and brand protection legislation and could thus be used by anyone.

Cover image: www.ingimage.com

This book is a translation from the original published under ISBN 978-3-330-08655-5.

Publisher:
Sciencia Scripts
is a trademark of
Dodo Books Indian Ocean Ltd. and OmniScriptum S.R.L publishing group

120 High Road, East Finchley, London, N2 9ED, United Kingdom
Str. Armeneasca 28/1, office 1, Chisinau MD-2012, Republic of Moldova, Europe
Printed at: see last page
ISBN: 978-620-7-95003-4

RESUMO

O injetor de corrente primária é um dispositivo que permite realizar de forma mais eficiente as tarefas de colocação em serviço e de manutenção nas subestações. Esta conceção cumpre os objectivos fundamentais de poder aproximar o equipamento o mais possível do dispositivo em teste, controlar a corrente automaticamente e necessitar apenas de uma pessoa.

Está a realizar vários tipos de testes, incluindo testes de alta corrente, para os quais utiliza uma implementação elegante da técnica de passagem secundária. Um único condutor atravessa o equipamento de um lado ao outro para transmitir a corrente ao objeto a ser testado, ligado nas suas duas extremidades. Isto poupa tempo de preparação e elimina as perdas de potência. A forma de onda, de frequência variável, é gerada digitalmente e é extraída através de um amplificador de potência com extrema precisão e controlo, insensível às variações que possam ocorrer na carga e mesmo na tensão de alimentação.

Os ensaios de injeção de corrente primária são utilizados em cenários de corrente elevada encontrados em grandes instalações eléctricas, como subestações. Uma grande corrente é injectada diretamente no lado primário do sistema elétrico, como um disjuntor. O objetivo do ensaio é identificar o funcionamento do sistema sob vários níveis de carga de corrente. O ensaio de injeção de corrente primária é adequado para testar relés de disparo por sobreintensidade ligados a um disjuntor. Ao injetar a corrente no sistema, podemos medir se o disjuntor dispara ou falha, e quanto tempo a corrente está viva antes de o circuito ser interrompido.

Os disjuntores podem passar longos períodos de tempo sem serem activados, e uma falha agora da ativação pode causar danos catastróficos no sistema elétrico. O teste de disjuntores com injeção de corrente primária num disjuntor que não tenha disparado há algum tempo é a melhor forma de recriar as condições reais de funcionamento de um pico de corrente.

Palavras-chave: Injetor de corrente primária, Injeção de corrente primária, Corrente, Disjuntores, Ensaios.

AGRADECIMENTOS

Gostaria de expressar os meus sinceros agradecimentos ao meu supervisor, Eng. Sra. K.M.G.Y. Sewwandi, professora do Departamento de Engenharia Eletrotécnica e de Computadores, pela orientação e apoio que me deu para concluir o meu projeto com êxito. Agradeço a todos os membros do pessoal do Departamento de Engenharia Eletrotécnica e de Computadores. Gostaria também de agradecer aos meus pais, irmãos e colegas pelo seu grande apoio.

ÍNDICE DE CONTEÚDOS

CAPÍTULO 1
1. INTRODUÇÃO

No caso das aplicações industriais, as falhas e avarias dos componentes de proteção são frequentes. Quando ocorre uma avaria de um componente, é necessário confirmar se está avariado ou em mau funcionamento. Por conseguinte, em tal situação, para verificar o estado do componente avariado, é necessário equipamento de ensaio especialmente concebido para o efeito, o qual é muito dispendioso, mesmo para aluguer. Assim, as indústrias tendem a desenvolver dispositivos de ensaio de baixo custo com base nas suas necessidades.

Entre as falhas dos componentes de proteção, as falhas dos disjuntores são muito comuns nas indústrias, bem como nas aplicações domésticas. Por vezes, os disjuntores disparam frequentemente, embora o circuito ligado esteja em boas condições. Nessas situações, a maioria dos MCB é substituída sem verificar a verdadeira razão, devido à escassez de dispositivos de teste. Por outro lado, os componentes de proteção defeituosos também podem causar falhas no equipamento. Por conseguinte, o ensaio dos componentes de proteção é essencial e este estudo foi realizado para conceber um sistema de injetor de corrente primária portátil para efeitos de ensaio de MCB, MPCB, relé, etc. avariados ou com mau funcionamento.

1.1 Declaração do problema

Muitos disjuntores têm um tempo de serviço superior ao esperado. Se pudermos verificar que um disjuntor está em boas condições, podemos continuar a utilizá-lo em vez de o substituir no fim da sua vida útil. Praticamente no parque eólico, onde foram utilizados muitos MCB, MPCB, relés, etc., enfrentámos alguns problemas devido a falhas e mau funcionamento dos MCB, MPCB e relés.

Houve um incidente em que os enrolamentos do motor de arrefecimento entraram em curto-circuito e queimaram devido a uma falha do MPCB. Ao verificarmos este incidente, não conseguimos encontrar exatamente a falha do MPCB.

Chegámos a essa decisão verbalmente porque não dispúnhamos de uma ferramenta específica para verificar o MPCB.

Depois, num outro dia, o MCB disparou frequentemente, mas quando verificámos os circuitos eléctricos, os circuitos estavam bem. Mas o MCB dispara constantemente. Então, temos de concluir, em nome desta questão, que o MCB falhou. Ao verificar o MCB, o MPCB, o relé, etc., podemos evitar as falhas de componentes nas indústrias, fábricas e centrais eléctricas. Por isso, gostaria de conceber um sistema de injetor de corrente primária portátil para determinadas tarefas específicas, com dimensões reduzidas, para o ensaio de MCB, MPCB, relé, etc., em caso de avaria ou mau funcionamento.

Na prática, no parque eólico, deve ser necessário um projeto específico para a tarefa. Porque, no mercado, temos kits de injetores de corrente primária multifuncionais com alto custo e tamanho maior. Neste caso, temos de levar a ferramenta a uma altura muito elevada. Por isso, deve ser mais pequeno. Assim, decidiu-se conceber um dispositivo portátil de injeção de corrente primária para uma tarefa específica e mais pequeno.

1.2 Objetivo

Este projeto tem por objetivo,

- Conceber um protótipo de hardware de um injetor de corrente primária portátil para fins industriais.

1.3 Objectivos

O projeto visa atingir os seguintes objectivos:

- Desenvolver a conceção de base do injetor portátil de corrente primária
- Desenvolver um modelo baseado em software para verificar a eficácia da conceção proposta.
- Implementação de hardware de um injetor de corrente primária portátil

1.4 Estudo da literatura

Durante a Operação e Manutenção de uma indústria, um disjuntor deve estar constantemente preparado para operar. Normalmente, decorrem longos períodos de inatividade durante os quais os componentes mecânicos e eléctricos do disjuntor nunca se movem. O disjuntor é o elo ativo numa situação de eliminação de falhas. Quando ocorre um defeito no sistema elétrico, a corrente de defeito associada deve ser interrompida de forma rápida e fiável. Esta ação é designada por eliminação do defeito. Se um disjuntor não conseguir eliminar um circuito em falha, os danos resultantes podem ser muito graves, tanto em termos de ferimentos pessoais como de danos no equipamento. Embora os disjuntores sejam comparativamente fiáveis, podem ocorrer falhas nos disjuntores. Por conseguinte, os disjuntores devem ser testados e mantidos para garantir o funcionamento correto durante estas falhas.

Muitos disjuntores têm uma vida útil mais longa do que o esperado. Se pudermos verificar que um disjuntor está em boas condições, podemos continuar a utilizá-lo em vez de o substituir no fim da sua vida útil. No parque eólico, onde foram utilizados muitos MCB, MPCB, relés, etc., enfrentámos praticamente alguns problemas devido a falhas e mau funcionamento dos MCB, MPCB e relés. Houve um incidente em que os enrolamentos do motor de arrefecimento entraram em curto-circuito e queimaram devido a uma falha do MPCB. Ao verificarmos este incidente, não conseguimos encontrar exatamente a falha do MPCB. Chegámos a essa decisão verbalmente porque não dispúnhamos de uma ferramenta específica para verificar o MPCB.

Figura 1 Fluxo de corrente em modo de funcionamento normal através de um MPCB de 12A

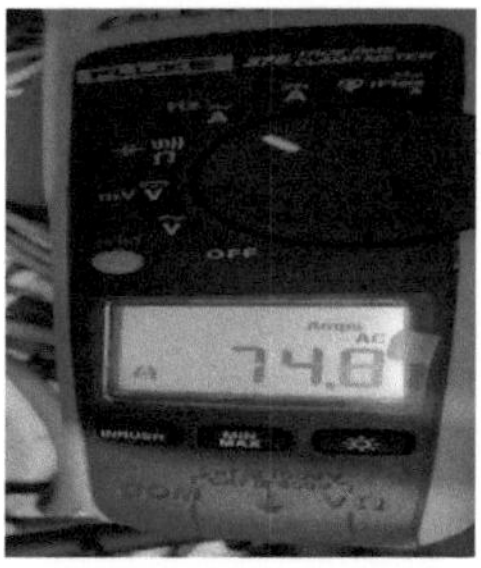

Figura 2 : Fluxo de corrente de defeito através de um MPCB de 12A

No caso acima, a corrente através do MPCB do motor de arrefecimento em modo de funcionamento normal é de 9,9A. Mas, quando verificámos a corrente através do MPCB devido ao alarme recebido foi de 74,8A. Assim, chegámos à conclusão de que o MPCB tinha falhado e, em seguida, substituímos o MPCB e o motor também. Para evitar estas situações, temos de verificar o MCB, o MPCB, o relé, etc. num determinado período durante a manutenção programada.

Da mesma forma, o MCB de um dia disparava frequentemente, no entanto, quando verificámos os circuitos eléctricos, os circuitos estavam bem. Mas o MCB dispara constantemente. Então, temos de concluir, em nome desta questão, que o MCB falhou.

Este parque eólico foi recentemente colocado em funcionamento e, por isso, muitos disjuntores e relés apresentaram dúvidas e avarias durante o período de um ano. E pode aumentar no futuro, em comparação com outros locais de experiência. Quando tentamos descobrir o dispositivo para verificar estes MCB, MPCB, relés, etc., descobrimos que esse dispositivo é designado por equipamento de laboratório de transformadores de papelaria. O seu tamanho é maior e o seu peso é elevado. Por isso, não é possível transportar o instrumento para o local dos ensaios na prática. Por conseguinte, deve ser concebido para as principais aplicações de ensaio primário necessárias no comissionamento e manutenção de subestações, marcando a diferença em relação ao equipamento existente atualmente em uso. Esta nova geração de Sistema de Teste de Injeção Primária torna o teste primário mais fácil, mais rápido e mais conveniente.

Em comparação com os grandes e pesados equipamentos tradicionais, foi concebido incrivelmente maior e mais pesado, combinando uma tecnologia revolucionária de geração de alta corrente e capaz de injetar até 5.000 A. Uma desvantagem para o transporte não fácil é que os conjuntos não podem estar muito mais perto dos dispositivos testados, aumentando o comprimento dos cabos, e um aumento significativo nas perdas de energia, eliminando as ligações intermédias. Quando nos aproximamos deste tipo de dispositivo, ele não é adequado para todos os locais de trabalho. Precisamos de um tipo de dispositivo portátil que seja mais fácil para este tipo de trabalho. Por conseguinte, planeámos conceber uma ferramenta específica para uma pequena classificação de testes de equipamento, o que nos permite concluir uma ideia para as indústrias e conceber este tipo de ferramentas de acordo com os nossos requisitos específicos.

Por isso, decidi conceber um injetor de corrente primária portátil para este projeto. O ensaio de injeção primária é essencial na colocação em funcionamento e na verificação de um esquema de proteção. O ensaio de injeção secundária não verifica todos os componentes do sistema, uma vez que não pode fornecer a condição da instalação de proteção global, se os TCs têm a relação ou polaridade correta, ou se a cablagem secundária está correta e em condições de ser reparada, e não imita as condições de funcionamento em serviço. Por conseguinte, o ensaio de injeção primária é a única forma de provar a instalação e o funcionamento corretos de todo o esquema de proteção. O ensaio primário envolve todo o circuito; são verificados os enrolamentos primário e secundário do transformador de corrente, os relés, os circuitos de disparo e alarme, os disjuntores e toda a cablagem. Os ensaios de injeção primária são realizados após os ensaios de injeção secundária, para garantir que os problemas se limitam aos TP e TC envolvidos, aos disjuntores e à cablagem associada, tendo todos os outros equipamentos do esquema de proteção sido considerados satisfatórios nos ensaios de injeção secundária. Por isso, são muitas vezes os últimos testes efectuados no processo de comissionamento e manutenção, ou após a realização de grandes modificações, e constituem uma ajuda preciosa para a deteção de falhas. São muitos os ensaios que podemos efetuar utilizando injectores de corrente primária. São eles,

1.2.1 Teste de relés

Os defeitos primários podem ser simulados para verificar se os relés de proteção funcionam corretamente; os tempos de disparo são medidos e registados pelo sistema, com uma resolução de 1 ms. A regulação automática da corrente, a injeção de corrente pré-definida, o controlo do tempo de injeção e o armazenamento dos resultados do teste proporcionam ao utilizador a ferramenta de teste primário mais avançada para relés de proteção.

1.2.2 Ensaio de disjuntores

É também essencial para a verificação de todo o esquema de proteção verificar o disparo em tensão do BC e a análise do tempo de funcionamento do BC em combinação com o tempo total de disparo, incluindo o tempo de disparo do BC.

1.2.3 Ensaios de comutadores

Os conjuntos de aparelhagem de baixa tensão e de controlo requerem também ensaios de alta corrente para cumprirem as normas relevantes do produto, tanto pelos fabricantes de conjuntos como pelos utilizadores. O sistema é adequado para testar a corrente nominal de curta duração que o conjunto deve suportar e o desempenho do tempo de disparo dos MCB/MCCB/ACB, tanto térmico como de curto-circuito.

1.2.4 Ensaios de transformadores de corrente, tensão e potência

A verificação de um CT também tem um objetivo. Através de um teste de alguns segundos, são obtidos os seguintes resultados: Relação de espiras, fase (polaridade) entre o primário e o secundário do TC, e carga (impedância, potência e fator de potência da carga). Também pode ser utilizado para testar TC de baixa potência, verificar a relação, a fase e a carga em TP e verificar a relação, a polaridade, a impedância de curto-circuito e as perdas de reactância em transformadores de potência.

1.2.5 Ensaio da rede de terra

Injectando uma corrente elevada e medindo com o voltímetro de baixo nível, é possível detetar a existência de qualquer mau contacto ou erosão na rede de terra.

1.2.6 Step & Touch

Para medir as caraterísticas da tensão de passo e de toque das instalações de ligação à terra de proteção em subestações e outras instalações eléctricas, deve ser injectada uma corrente regulada através do circuito de terra e a queda de tensão deve ser medida entre dois pontos de ensaio.

1.3 Metodologia

Inicialmente, o projeto básico do sistema proposto de injetor de corrente primária foi desenvolvido e simulado na plataforma Proteus para confirmar a sua funcionalidade. Após a simulação do primário, foram efectuados cálculos relacionados com o núcleo do transformador para evitar a saturação magnética durante os períodos de ensaio. De seguida, o modelo do transformador proposto foi desenvolvido no software Finite Element Method Magnetics (FEMM) e verificado o seu desempenho.

Em seguida, o controlador de corrente baseado em triac foi desenvolvido e simulado na plataforma Proteus para confirmar a sua funcionalidade. Entretanto, foi verificado o sensor de corrente ACS 758 com o Arduino para a medição da corrente. Por fim, foi implementado o protótipo de hardware e verificado o funcionamento do dispositivo.

1.3.1 Fluxograma

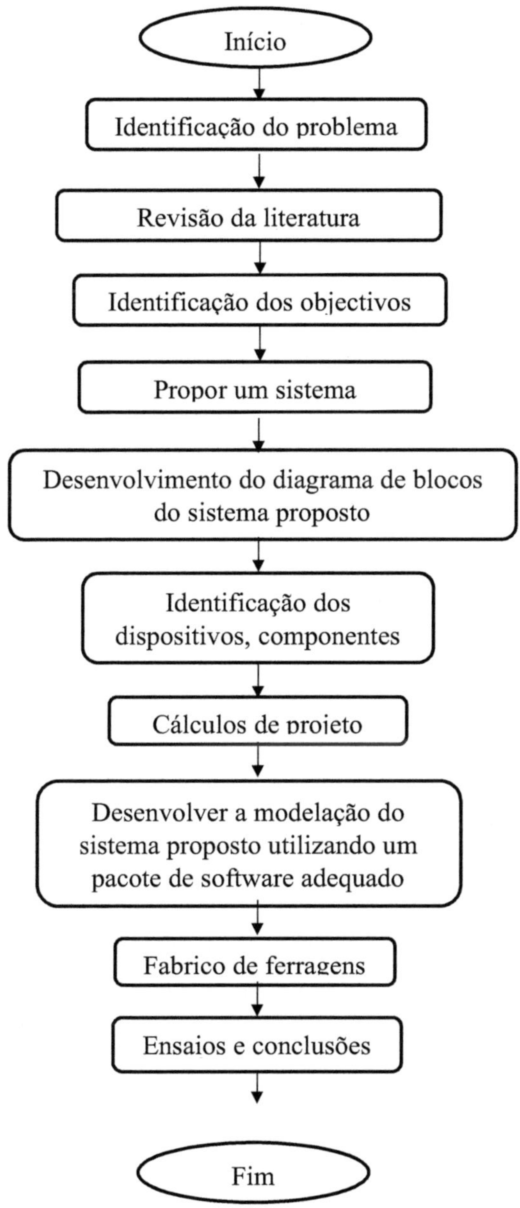

1.3.2 Ferramenta de software

O software utilizado para verificar o transformador concebido neste projeto é o Finite Element Method Magnetics (FEMM), que é um pacote de software de análise de elementos finitos de código aberto para resolver problemas electromagnéticos. O programa aborda problemas magnéticos e magnetostáticos lineares e não lineares harmónicos de baixa frequência, planares em 2D e axissimétricos em 3D, bem como problemas electrostáticos lineares. É um produto freeware simples, preciso e de baixo custo computacional, popular na ciência e na engenharia. Os pormenores do software são apresentados na figura seguinte.

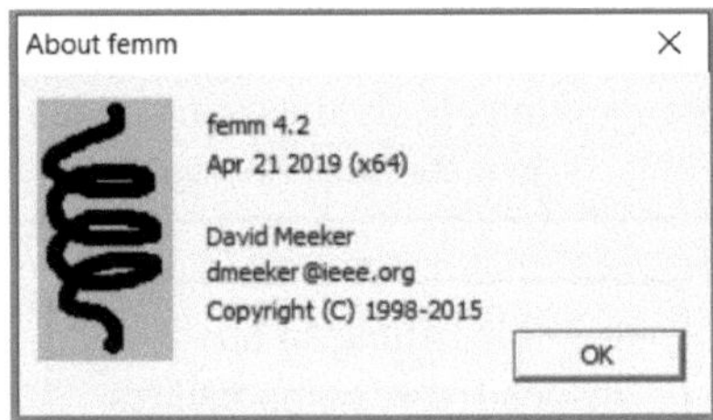

Figura 3 Versão do software FEMM

1.3.3 Componentes de hardware

1.3.3.1 Transformador toroidal

Um transformador toroidal é um tipo de transformador elétrico construído com um núcleo em forma de toro ou de rosca. Os seus enrolamentos primário e secundário são enrolados ao longo de toda a superfície do núcleo toroidal, separados por um material isolante. Nesta configuração, a fuga de fluxo magnético é minimizada. O núcleo de um transformador toroidal é considerado como o projeto ideal de núcleo de transformador. Os transformadores toroidais funcionam normalmente com uma densidade de fluxo mais elevada do que os transformadores laminados convencionais.

Princípio de funcionamento

Um transformador elétrico é uma máquina passiva que transfere energia eléctrica de um circuito para outro utilizando um campo magnético para induzir uma força eletromotriz. Isto é feito enquanto estão eletricamente isolados um do outro. Os transformadores são utilizados para aumentar (step-up) ou diminuir (step-down) tensões sem alterar a frequência da corrente eléctrica.

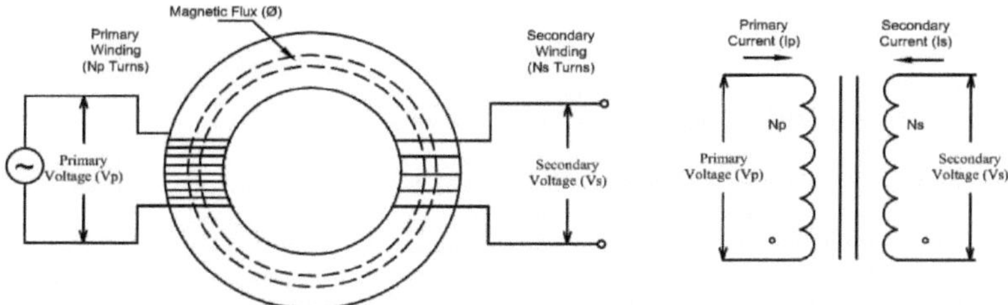

Figura 4 Princípio de funcionamento do transformador

Lei de Faraday da Indução

Os transformadores eléctricos funcionam com base na lei da indução de Faraday. Esta lei física estabelece a relação entre a taxa de variação de um fluxo magnético e a força eletromotriz induzida. Um fluxo magnético é criado quando as linhas de campo magnético passam através de um condutor. Observou-se que colocar um condutor perto de um campo magnético com amplitude variável gera uma corrente eléctrica nesse condutor.

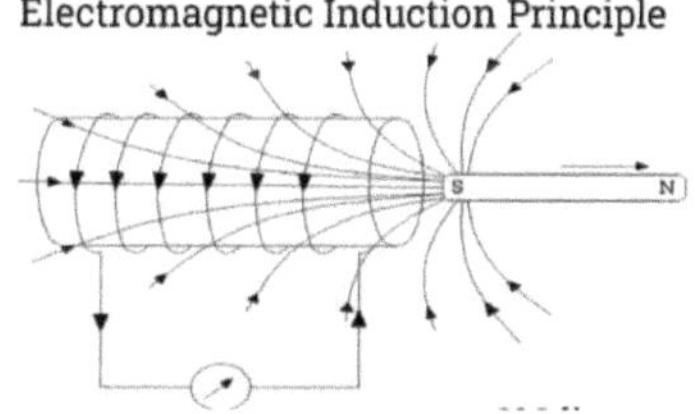

Figura 5 Princípio da indução electromagnética

O campo magnético envolvido na indução electromagnética provém normalmente de um eletroíman com uma corrente eléctrica variável. Esta corrente eléctrica variável é normalmente conhecida como corrente alternada (CA). Uma vez que a corrente eléctrica é gerada e reduzida continuamente a uma determinada frequência, o campo magnético também é criado e reduzido da mesma forma. Este campo magnético de amplitude variável induz uma corrente eléctrica num segundo condutor. A corrente eléctrica induzida no segundo condutor tem a mesma frequência que a corrente eléctrica do circuito do eletroíman.

Um campo magnético de amplitude variável não é a única forma de induzir uma corrente. Um campo magnético pode ser imaginado como um campo com muitas linhas de indução. Fazer com que o condutor "corte" através destas linhas de campo magnético pode provocar a geração de uma corrente eléctrica. Este fenómeno é observado nos geradores eléctricos.

As perdas do núcleo são devidas a histerese ou a correntes de Foucault. A histerese é devida à potência necessária para inverter o campo magnético quando este muda de direção. Esta energia é libertada sob a forma de calor que será dissipado da máquina. As correntes parasitas, por outro lado, são produzidas pelo campo magnético do enrolamento primário dentro do núcleo e não fazem parte da corrente gerada para trabalho útil. Elas são minimizadas pela utilização de núcleos laminados.

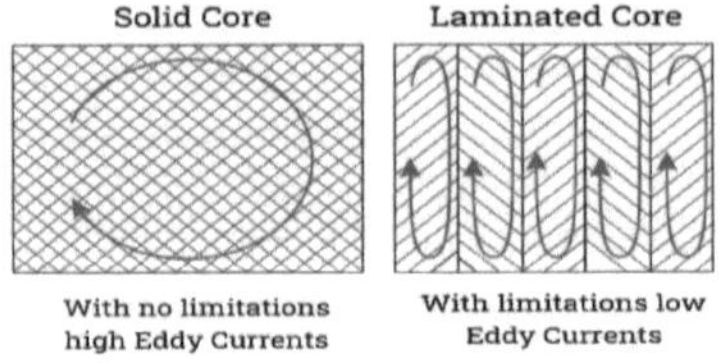

Figura 6 Correntes parasitas em diferentes núcleos

A perda de cobre é devida à resistência dos enrolamentos de cobre. Todos os condutores têm resistências eléctricas que causam uma queda de tensão quando uma corrente eléctrica passa através deles. Esta perda não pode ser facilmente reduzida, uma vez que requer o aumento da secção transversal do condutor. Consequentemente, será necessário um transformador maior e mais caro. Esta perda provoca uma libertação de energia dos enrolamentos sob a forma de calor.

A perda por dispersão resulta da fuga do campo magnético que influencia outras partes condutoras do transformador. Uma vez que este campo magnético é fraco em comparação com o que está presente no núcleo de ferro, as correntes de Foucault produzidas por campos magnéticos dispersos causam um efeito negligenciável.

Os materiais dieléctricos do transformador são o isolamento de volta a volta ou de camada a camada dos enrolamentos. Os transformadores de maiores dimensões também utilizam óleo de transformador para isolar, evitando a formação de arcos e dissipando o calor. A perda dieléctrica é causada pela degradação dos materiais isolantes e do óleo do transformador.

Existem muitas vantagens do transformador toroidal em relação ao transformador convencional. Há maior eficiência, blindagem electromagnética, distorção mínima do sinal, construção mais compacta, melhor material do núcleo magnético, menores perdas fora de carga, sem espaço de ar, baixo zumbido mecânico e menor geração de calor e há algumas desvantagens também disponíveis. A sua construção é dispendiosa e a corrente de arranque é mais elevada. Mas, comparativamente, é mais adequado do que o transformador convencional.

Tipos de núcleo

O núcleo de um transformador é feito de materiais magnéticos. Estes materiais podem ter diferentes níveis de permeabilidade magnética efectiva, resistividade eléctrica, histerese, etc. A eficiência do transformador depende das qualidades destes materiais magnéticos, uma vez que o núcleo contribui para a maior parte das perdas do transformador. Os tipos comuns de núcleos utilizados nos transformadores toroidais são enumerados a seguir.

1. Núcleos de ferrite:

Os núcleos de ferrite são fabricados a partir de uma cerâmica de óxido metálico, óxido de ferro, misturado com outros metais, como o cobalto, o cobre, o níquel, o manganésio e o zinco. Os dois tipos mais comuns de núcleos de ferrite são a ferrite de manganésio-zinco e os núcleos de ferrite de níquel-zinco. Quando comparados com outros tipos, as suas caraterísticas situam-se na extremidade inferior. Têm uma permeabilidade relativamente baixa, uma densidade de fluxo de saturação baixa e uma temperatura de Curie baixa. A sua maior vantagem é a sua elevada resistividade eléctrica. Isto ajuda a reduzir a geração de correntes parasitas.

2. Núcleos de metal em pó:

Um núcleo de ferro em pó é fabricado através da mistura e aglutinação de grãos de ligas metálicas com um material isolante. Os grãos de metal e os aglutinantes são depois prensados até atingirem a densidade e a forma desejadas. As caraterísticas dos núcleos de metal em pó dependem do tipo de metal utilizado e do tamanho dos grãos. Exemplos populares de núcleos metálicos em pó utilizados em transformadores toroidais são a permalloy de molibdénio e o ferro carbonílico.

3. Núcleos laminados em liga de ferro:

Este tipo de núcleo é amplamente utilizado em transformadores convencionais que funcionam a frequências baixas ou médias. O fabrico de núcleos laminados envolve a laminagem do metal em folhas e a sua estampagem com a forma pretendida. As estampagens são depois empilhadas com uma camada isolante entre elas. A construção laminada reduz as correntes parasitas, uma vez que estas ficam confinadas à espessura de cada laminação. Existem dois materiais principais utilizados para núcleos laminados: ferro-silício e ferro-níquel. Os transformadores feitos de ferro silício são utilizados em transformadores de alta potência. Para aplicações de alta frequência, são preferidas as ligas de ferro-níquel. As ligas de ferro-níquel são mais frequentemente utilizadas em transformadores toroidais do que as de ferro-silício.

4. Núcleos enrolados em fita:

Os núcleos enrolados em fita são iguais aos núcleos laminados. São mais utilizados no fabrico de transformadores toroidais do que os núcleos laminados. Em vez de empilhar laminados em forma de anel, os núcleos enrolados em fita são feitos de fitas metálicas isoladas enroladas numa espiral. Em seguida, é encapsulado por uma folha fina de alumínio ou plástico.

Nome do material	Composição	Permeabilidade	Densidade do fluxo, B (T)	Frequência de funcionamento
Silício	3-97 SiFe	1500-3000	1.5 - 1.8	50-2k
Orthonol	50-50 NiFe	2000	1.42 - 1.58	50-2k
Permalloy	80-20 NiFe	25000	0.66 - 0.82	1k-25k
Amorfo	2605SC	1500	1.5 - 1.6	250k
Amorfo	2714A	20000	0.5 - 6.5	250k
Amorfo	Nanocristalino	30000	1.0 -1.2	250k
Ferrite	MnZn	0.75-15k	0.3 - 0.5	10k-2M
Ferrite	NiZn	0.2-1.5k	0.3 - 0.4	0,2M-100M

Tabela 1: Propriedades do material magnético

Caraterística B-H de vários materiais

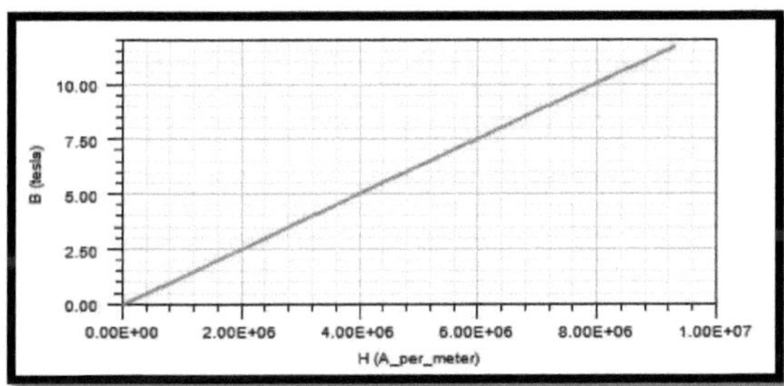

Figura 7 Gráfico linear B-H do ar de material anisotrópico

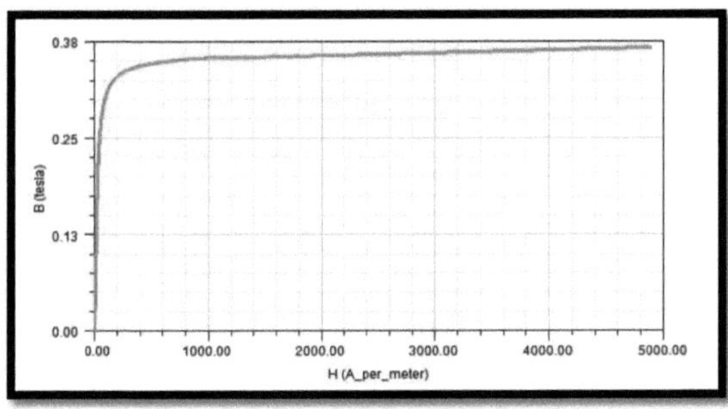

Figura 8 Curva B-H da ferrite anisotrópica

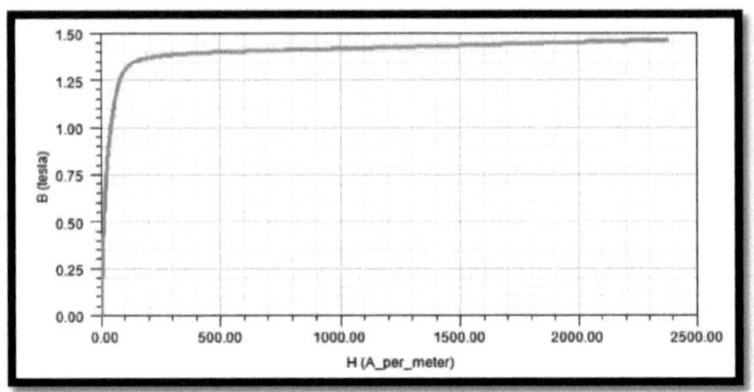

Figura 9 Curva B-H de metais anisotrópicos

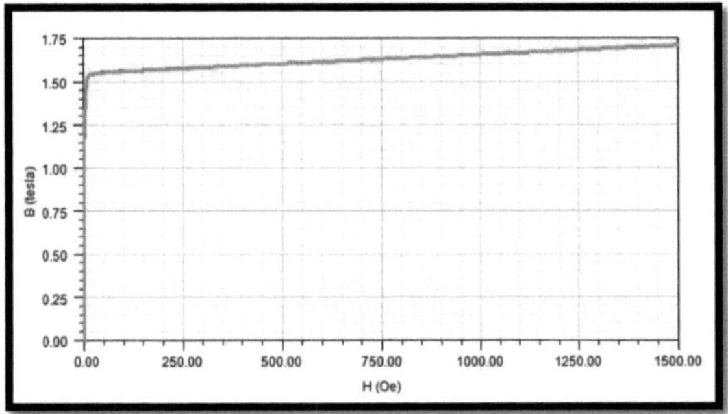

Figura 10 Curva B-H de um material anisotrópico à base de Fe

1.3.3.2 Controlador Arduino Uno

O Arduino UNO é uma placa de microcontrolador baseada no ATmega328P. Tem 14 pinos de entrada/saída digitais (dos quais 6 podem ser utilizados como saídas PWM), 6 entradas analógicas, um ressoador cerâmico de 16 MHz, uma ligação USB, uma tomada de alimentação, um conetor ICSP e um botão de reset. Contém tudo o que é necessário para suportar o microcontrolador.

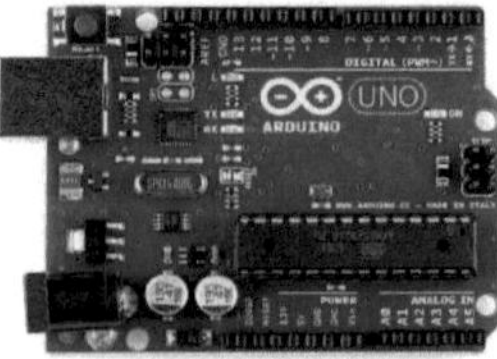

Figura 11 Controlador Arduino

1.3.3.3 Triac (2N5445)

O 2N5445 é um triac específico que é capaz de lidar com aplicações de comutação de CA de alta tensão e alta corrente. Foi concebido para controlar o fluxo de corrente CA, conduzindo em ambos os sentidos quando acionado.

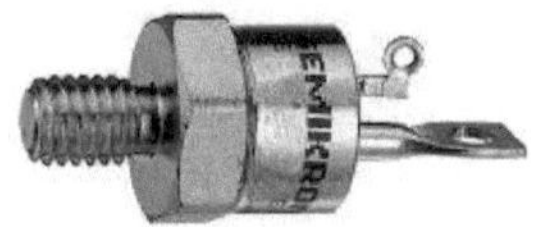

Figura 12 : TRIAC 2N5445

1.3.3.4 Conversor Buck ajustável LM2596

O LM2596 é um circuito integrado (IC) popular e amplamente utilizado que pertence à série LM259X de reguladores de tensão. É um IC regulador de comutação step-down (buck) que fornece conversão de tensão eficiente para várias aplicações.

O LM2596 foi concebido para receber uma tensão de entrada superior à tensão de saída desejada e convertê-la eficientemente numa tensão regulada inferior. É capaz de lidar com tensões de entrada que variam de vários volts a mais de 40 volts, dependendo da variante específica do IC.

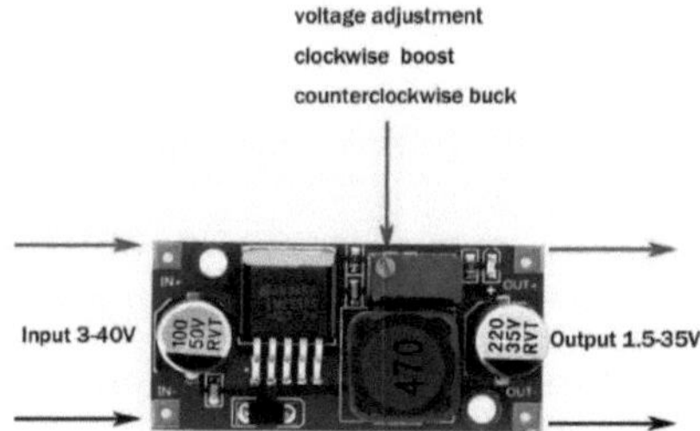

Figura 13 : Conversor Buck ajustável LM2596

1.3.3.5 Sensor de corrente de meio efeito (CS-200A)

Os CS-200A são placas de sensores de corrente de efeito Hall capazes de medir o fluxo de corrente bidirecional. Estes dispositivos podem ser utilizados em sistemas AC e DC que requerem isolamento do circuito medido. Estas placas têm uma baixa perda de inserção e mais opções de ligação em comparação com os shunts de corrente resistivos convencionais.

Figura 14 CS200 Um sensor de meio efeito

Estas placas de sensores de corrente emitem uma tensão analógica (V_{out}) em proporção linear com a corrente que atravessa o sensor. Esta tensão de saída pode então ser monitorizada por um conversor analógico-digital (ADC). V_{out} é tipicamente ½ da V_{supply} (V_{cc}) com fluxo de corrente zero através da placa, V_{out} aumenta de ½ V_{cc} com um fluxo de corrente para a frente e diminui com o fluxo inverso. A quantidade de incremento de tensão por Ampere de corrente que flui é a Sensibilidade do dispositivo.

V_{out} = 1/2(V_{cc}) + (Corrente)Sensibilidade ou Corrente = V_{out} - / Sensibilidade

Exemplo: V_{cc} =5v, Corrente=50Amps, Sensibilidade=20mv/Amp(CS-100A)

V_{out} = 1/2(5) + (50)(0,02) = 3,5 volts

Código simples para leitura de corrente em ambiente ArduinoTM. Vout ligado ao ADC1, V =5v_{cc}

Corrente = ((analogRead(1)*(5.00/1024))- 2.5)/ .02;

1.3.3.6 Ecrã LCD

Um ecrã LCD de caracteres é um tipo único de ecrã que só pode emitir caracteres ASCII individuais com tamanho fixo. Utilizando estes caracteres individuais, podemos formar um texto.

Figura 15 : Ecrã LCD

1.3.3.7 Varistor de óxido metálico LS40K550QP

Figura 16 Varistor de óxido metálico LS40K550QP

Este é um tipo específico de varistor fabricado pela EPCOS/TDK. O código "L0551K100" corresponde a um modelo específico da série B72240. Os varistores da série B72240 foram concebidos para proteção contra sobretensões numa vasta gama de aplicações. São normalmente utilizados para proteger equipamentos e circuitos electrónicos sensíveis contra picos de tensão e transientes.

Vamos decompor o código "L0551K100" para compreender o seu significado:

"B72240": Indica a série ou família de produtos do varistor.

"L0551K100": Isto representa o modelo específico e as caraterísticas do varistor.

Mais detalhadamente:

"L": Indica a versão com fios do varistor, que tem fios para facilitar a soldadura.

"0551": Este é um código de quatro dígitos que fornece informações sobre a tensão nominal do varistor e a capacidade de absorção de energia. Neste caso, representa uma tensão nominal de 55V.

"K": A letra indica a classe de tolerância do varistor. Neste caso, "K" indica uma tolerância de ±10%.

"100": Especifica a capacidade máxima de absorção de energia do varistor, geralmente dada em joules ou corrente de pico. Neste caso, indica uma absorção máxima de energia de 100J.

CAPÍTULO 2
2. MODELO PROPOSTO

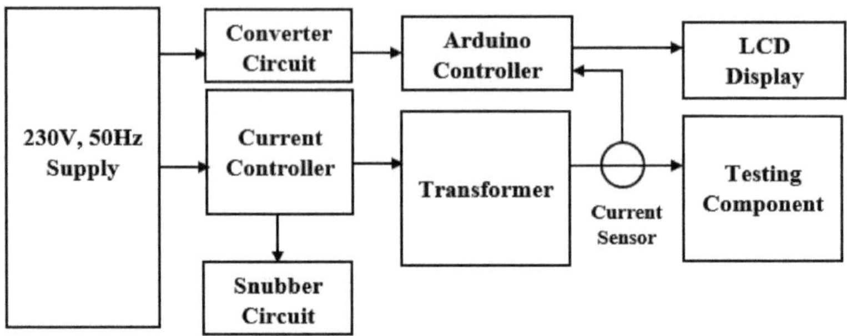

Figura 17 Modelo proposto para o injetor de corrente primária

2.1 Conceção do sistema global

O projeto do sistema global proposto é composto por vários circuitos. O primeiro é o circuito conversor de 12V para 5v para o Arduino. Aqui, 12V retirados da alimentação principal de 230V do sistema e o segundo é o Controlador de Corrente que controla a corrente de entrada do enrolamento primário do transformador utilizando o controlo de triac e, adicionalmente, o circuito de snubber também concebido para a proteção do triac.

O cabo flexível é utilizado como enrolamento secundário do transformador e o sensor de corrente de meio efeito é utilizado para proteger o transformador, que mede o fluxo de corrente e dá o feedback ao controlador e mantém a segurança do transformador.

2.1.1 Cálculo do projeto do transformador

O núcleo selecionado é de aço silício laminado a frio orientado para os grãos e a sua densidade de fluxo é de 1,5 Tesla para o cálculo e de acordo com o tamanho necessário do núcleo selecionado pela disponibilidade no mercado. E outra suposição feita para o teste do disjuntor é a condição de curto-circuito apenas a resistividade do condutor apenas a carga. Por isso, a resistência é assumida como 0,005 ohm.

Com base nos critérios de conceção,

Corrente necessária para o ensaio $= 1000$ A

Assim, a potência nominal necessária do núcleo do transformador toroidal $=$ I^2R

$$= 1000^2 \times 0.005$$
$$= 5000 \text{ VA}$$

Assim, o tamanho do núcleo de Si-Fe do transformador baseia-se na disponibilidade,

OD = 335mm, ID = 253mm, Altura = 75mm

Tensão de saída do Variac = 230 V

De acordo com a equação de Faraday para a tensão induzida no enrolamento de um transformador

Vin = 4,44 B.F.A. N $\qquad$; Onde, Vin é a tensão em volts

N é o número de voltas

A é a área da secção transversal do núcleo magnético

B é a densidade de fluxo em tesla

$230 = 4.44 \times 1.55 \times 50 \times 41 \times 75 \times 10^{-6} \times Np$

Np = 224,615 voltas ≈ 225 voltas

Assim, por volta-volt = 230/225 = 1,02V

Para o lado secundário,

Voltas fixas para manter o desenho e este desenho é de 4 voltas

Assim, a tensão secundária = Vs = 1,02 × 4 = 4,08 V

Com base na relação dos parâmetros do transformador, a corrente primária é,

Vin × Ip = Vs × Is

230 × Ip = 4,08 × 1000

Ip = 17,78 A

Densidade de corrente, Cp = 2,5 mm2

Assim, o tamanho do fio de cobre = 17,78/2,5 = 7,112 mm2

$\pi r^2 = 7.112$

r = 1,505 mm

diâmetro = 3,01 mm

A partir da tabela SWG,

Temos de selecionar 21.2 Valor de amperagem do fio do enrolamento

Portanto, tamanho do fio = 3,658 mm (SWG 9)

Peso do fio para o primário / 1 metro = 80,40 gramas

Peso necessário do primário = 80,40 × 52,11 = 4,19 kg

Para o secundário,

Dimensão do fio de cobre = 1000/2,5 = 400 mm2

r = 11,28 mm

diâmetro = 22,56 mm

A partir do gráfico SWG,

Tamanho do fio = 28,6 mm

Para 1m de comprimento

Peso do fio para o primário / 1 metro = 4,92 quilogramas

Peso necessário do primário = 4,92 kg × 1,928 = 9,48 kg

2.1.2 Evolução da FEMM

O modelo proposto foi projetado no método dos elementos finitos magnéticos (FEMM) e verificou as caraterísticas e o funcionamento do transformador da seguinte forma.

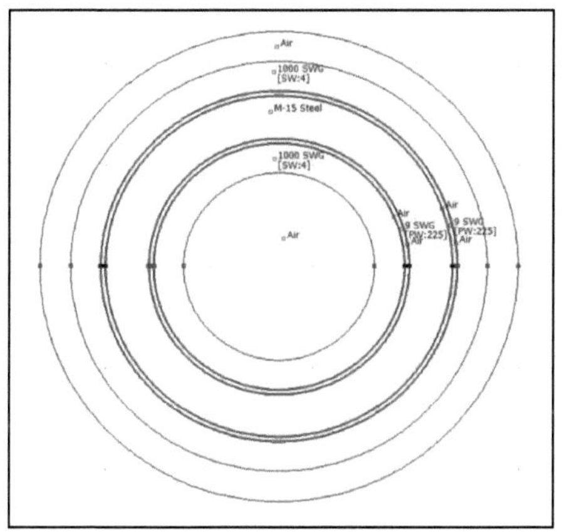

Figura 18 : Modelo projetado no FEMM

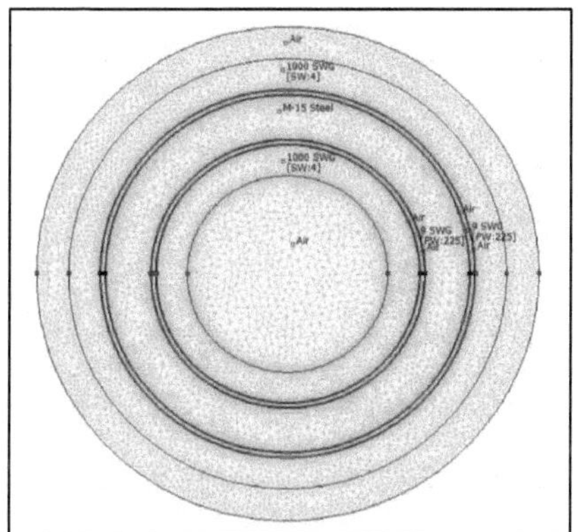

Figura 19 Modelo de malha criado no FEMM

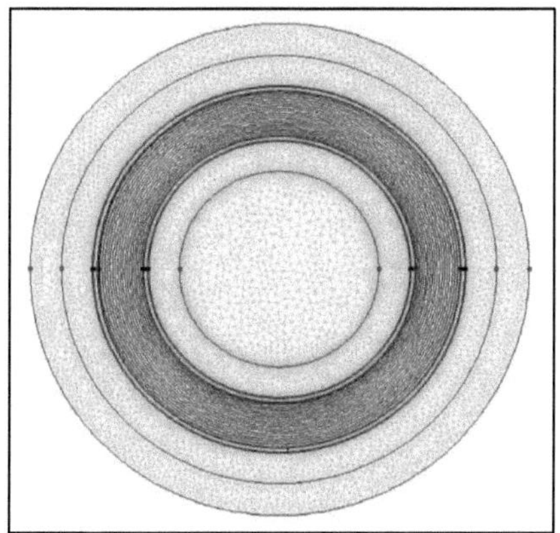

Figura 20 : Geração da linha de fluxo no MEFM

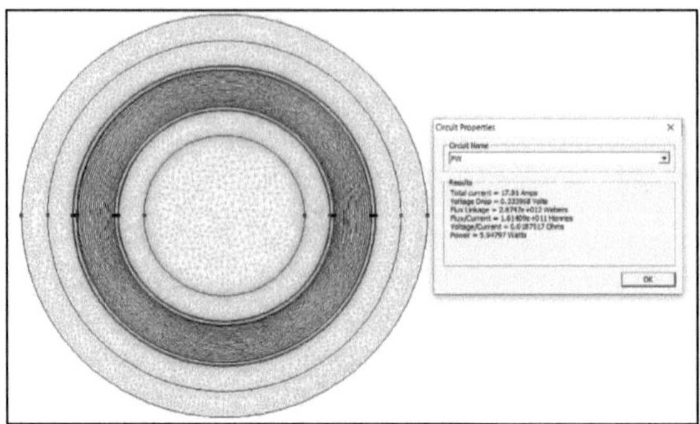

Figura 21 : Pormenores do enrolamento primário

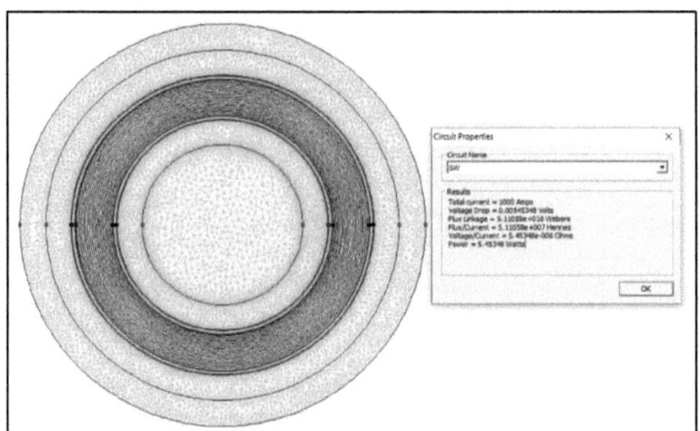

Figura 22 : Pormenores do enrolamento secundário

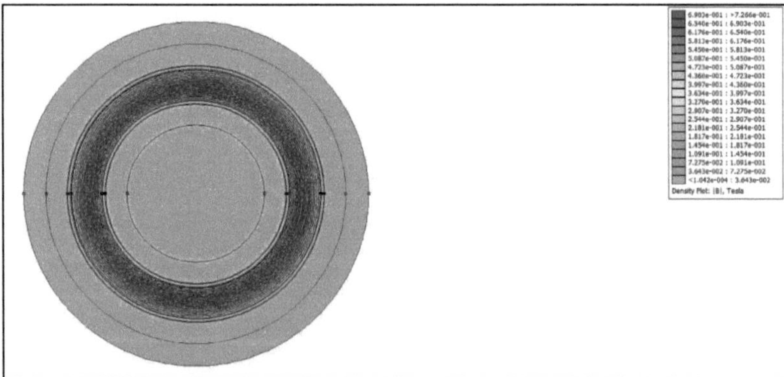

Figura 23 Distribuição do fluxo no FEMM

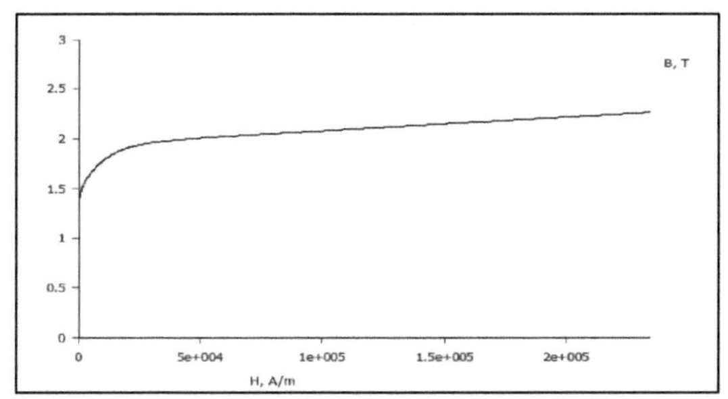

Figura 24 Curva caraterística BH para o núcleo de Si-Fe utilizando o MEF

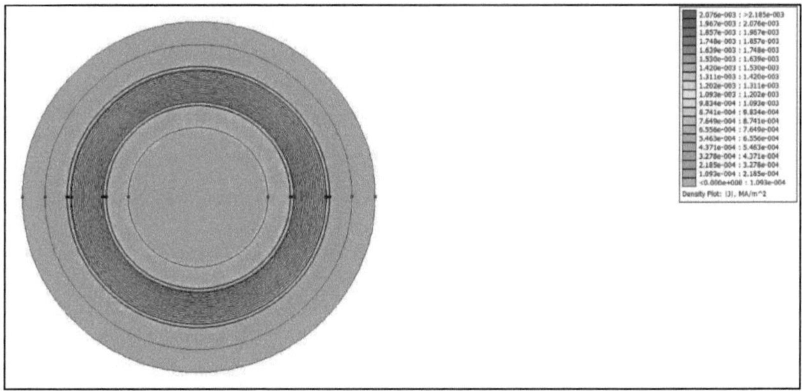

Figura 25 Distribuição da corrente e seu trajeto

2.1.3 Especificação do transformador

Potência nominal : 5000VA

Entrada : 0 a 230V (0 a 17,78A)

Frequência : 50Hz

Secundário : 0 a 4,08V (0 a 1000A) 1200A durante 1 min 1500A durante 30 seg

1800A durante 1 seg.

Classe de temperatura : Classe R

Proteção : MCB, Sobrecarga, Temperatura

2.1.4 Circuito de controlo da corrente

O circuito funciona da seguinte forma: A fonte de alimentação é de 220V, e um resistor variável é utilizado para limitar a corrente em conjunto com um TRIAC, que controla a entrada do transformador. O TRIAC permite que a corrente flua em ambos os sentidos quando acionado e actua como o principal componente responsável pelo controlo da corrente de entrada.

Uma resistência variável de 500K é ligada entre a porta do TRIAC e um DIAC, permitindo o ajuste da corrente de entrada. Esta resistência variável serve de controlo para ajustar a tensão aplicada à porta do TRIAC, controlando assim a corrente.

Ao variar a tensão aplicada ao terminal de porta do TRIAC, este liga-se e desliga-se em diferentes pontos da forma de onda CA, controlando assim a corrente para a carga.

Para garantir o disparo e o controlo adequados do TRIAC, são utilizados componentes adicionais. Uma resistência de 10K é ligada em série com a porta do TRIAC para limitar a corrente. Um DIAC, que fornece impulsos de disparo para a porta do TRIAC, ajuda no disparo e controlo adequados. O condensador de 330nF ajuda a controlar o atraso de fase e facilita um aumento gradual da tensão para o disparo do TRIAC. Por fim, uma resistência de 270 ohms é ligada em paralelo com um condensador de 27nF para o descarregar quando o circuito é desligado.

Para além destes componentes, um varístor é ligado em paralelo com um circuito de amortecimento para proteger o circuito contra picos de tensão ou eventos transitórios. O varistor actua como uma resistência dependente da tensão, apresentando uma caraterística de resistência não linear. Quando a tensão através do varistor está abaixo do seu limiar ou tensão de aperto, comporta-se como um circuito aberto com uma resistência muito elevada, tendo um impacto mínimo no funcionamento do circuito. No entanto, quando ocorre um pico de tensão ou um transiente que excede a tensão de limiar do varistor, a sua resistência cai drasticamente. Isto permite que o varistor conduza e desvie a corrente excessiva dos componentes sensíveis, protegendo o circuito ao limitar a tensão e absorver a energia do evento transitório.

No geral, esta configuração de circuito combina as capacidades de controlo do TRIAC e da resistência variável com as funções de proteção do DIAC, condensadores, resistências e varistor para regular e proteger o circuito contra flutuações e picos de tensão.

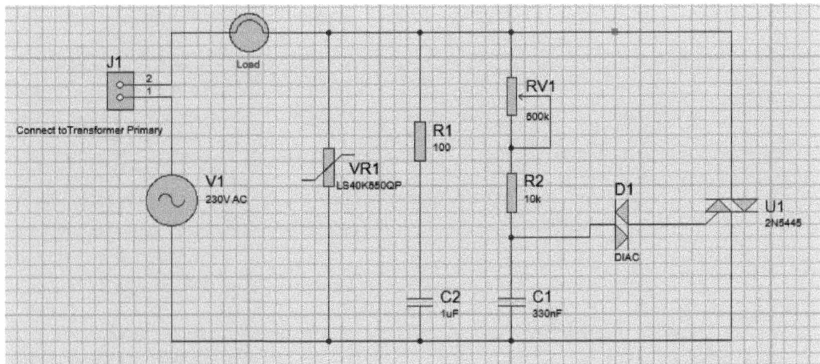

Figura 26 Circuito de controlo da corrente

2.3 Fabrico de hardware

O fabrico do hardware para o modelo proposto foi fundido por vários circuitos individuais. O circuito principal do circuito de controlo da corrente é feito com TRIAC. Neste circuito, a corrente de saída é controlada por um triac e um potenciómetro. Aqui, vamos alterar o disparo do triac utilizando o potenciómetro. O diagrama do circuito de controlo é apresentado.

Em seguida, o segundo circuito principal é o circuito do sensor de corrente para o feedback do controlador. Mede a corrente através do disjuntor e dá ao controlador continuamente e protege o controlo do transformador pelo controlador e o sensor de corrente de meio efeito CS-100 utilizando-o como sensor de corrente e o seu diagrama de circuito é apresentado abaixo.

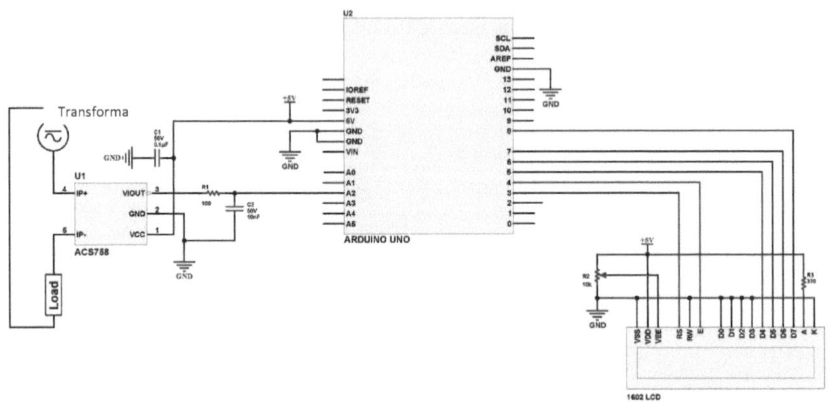

Figura 27 : Ligação do circuito do sensor de corrente com o Arduino e o LCD

A família ACS758 da Allegro™ é um circuito integrado (IC) especificamente concebido para medição de corrente com frequência até 120kHz. É um sensor de corrente baseado em efeito hall com condutor de corrente de 100µΩ. Este dispositivo gera uma tensão que é proporcional à corrente que passa por ele, onde a tensão gerada é isolada galvanicamente da corrente que passa. Isto significa sempre que o circuito de alta potência está isolado do circuito de baixa potência. Neste projeto, vou utilizar um sensor bidirecional com uma corrente nominal de 200A, cujo nome completo é ACS758ECB-200B. Uma vez que este dispositivo é bidirecional, permite-nos medir correntes AC e DC com uma sensibilidade típica de 10mV/A. No entanto, outras versões do ACS758 também podem ser utilizadas neste projeto, como o ACS758ECB-50B que tem uma sensibilidade típica de 40mV/A. O hardware fabricado é mostrado abaixo.

Figura 28 Circuito de controlo da corrente do transformador

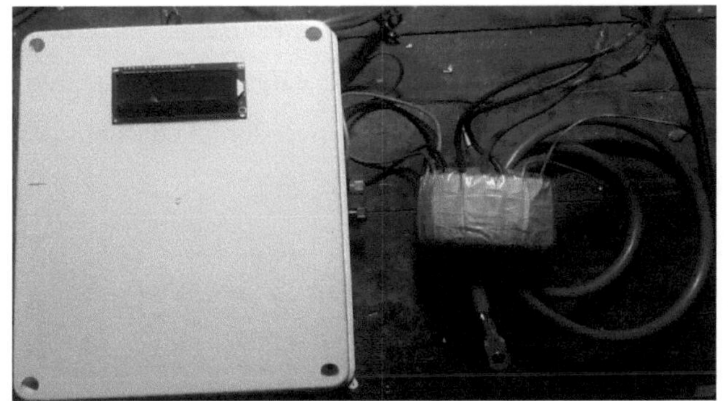

Figura 29 Hardware fabricado para o sistema proposto

Figura 30 : Ligação do circuito do hardware

2.4 Testes e implementação

Quando efectuei os testes, deparei-me com uma série de problemas. Em primeiro lugar, foi-me difícil adquirir os componentes necessários no mercado local e, durante a simulação do modelo proposto, não foi possível simular devido aos vários circuitos individuais. Por isso, pude efetuar testes práticos e verificados.

Em primeiro lugar, verificou-se o sensor de corrente com o Arduino e verificou-se a corrente medida e a corrente real e, durante o teste prático dos circuitos, o circuito do amortecedor foi concebido e verificado pela plataforma proteus. O facto de uma carga indutiva induzir um desfasamento de fase entre a corrente do TRIAC e a tensão da rede. Quando a corrente desce para zero, o TRIAC desliga-se e a tensão é aplicada abruptamente nos seus terminais.

Depois, foi decidido limitar a velocidade da tensão reaplicada, sendo geralmente utilizada uma rede resistiva/capacitiva montada em paralelo com o TRIAC. Este "amortecedor" é calculado para limitar o dV/dt_{OFF} a um valor para o qual o dI/dt_{OFF}

é inferior ao (dI/dt)c especificado na folha de dados. O dI/dt$_{OFF}$ é também determinado, neste caso, pela impedância da carga (Z) e pela tensão rms da rede eléctrica. Por conseguinte, o circuito do amortecedor foi concebido de acordo com a seguinte fórmula.

A corrente de carga I$_L$, Carga indutiva é L;

Assim, a energia armazenada pela carga indutiva, $E = \frac{1}{2} L I_L^2$

Para a capacitância do circuito Snubber,

$$\frac{1}{2} CV^2 = E = \frac{1}{2} L I_L^2$$

$$C = L(I / V_L)^2$$

E a resistência em série do circuito do amortecedor é $R = V/I_L$

De acordo com o cálculo R = 100 ohm e capacitância = 1 µF.

2.5 Resultados e discussão

Com base no estudo bibliográfico, o ensaio de injeção primária é a única forma de provar a instalação e o funcionamento corretos de toda a cadeia de proteção, uma vez que envolve o ensaio de todo o circuito; os enrolamentos primário e secundário do transformador de corrente, os relés, os circuitos de disparo e alarme, os disjuntores e toda a cablagem podem ser verificados.

Teoricamente, o transformador toroidal é o mais adequado para este projeto. Devido a menos perdas, o que dá uma corrente de saída estável. O sistema proposto foi concebido utilizando o software de modelação de elementos finitos e verificou a conceção.

Depois, planeei utilizar o Triac para controlar a entrada do transformador, controlando o disparo do triac. Quando controlamos a corrente de saída, podemos controlar a corrente de saída através da carga e podemos efetuar os ensaios. Para o transformador toroidal, planeei utilizar tiras metálicas de ferrite para a conceção do núcleo do transformador toroidal, a relação de espiras do transformador toroidal é de 112:4 e será planeada a conceção e a utilização do circuito de controlo Triac para controlar a corrente no primário de acordo com o requisito de cerca de 1000A no secundário.

A conceção do circuito de proteção deve necessitar de um triac de proteção devido à carga indutiva ligada. O hardware fabricado funcionou sem precisão devido ao valor de precisão do potenciómetro. O circuito de controlo de corrente concebido, tal como mencionado acima, funcionou bem de acordo com as expectativas.

CAPÍTULO 3
3. CONCLUSÃO

O objetivo do projeto era ser concebido e obter uma saída de 1000A do injetor de corrente primária. Depois de analisar todo o sistema através de diferentes tecnologias, passo a passo, este sistema proposto foi implementado e, com base na simulação, dá a saída necessária e a versão de demonstração portátil do hardware também dá a saída desejada com base na especificação dos componentes utilizados. Este dispositivo pode ser concebido individualmente nas indústrias e pode verificar o funcionamento dos componentes de proteção (disjuntores, disjuntores de proteção do motor, relés, etc.) e pode utilizar os componentes durante um longo período de vida útil e evitar danos adicionais devido a falhas dos componentes de proteção. Este dispositivo não é utilizado apenas para testar componentes de proteção. Pode ser utilizado para a colocação em funcionamento de novos locais e também pode ser utilizado para a injeção de corrente.

3.1 Âmbito futuro

Este sistema implementado é limitado em termos de controlo e falta de precisão. Este projeto pode ser modificado com alguns desenvolvimentos adicionais para afinar a precisão da função. Existem,

1. Modificar o potenciómetro com um ajuste de precisão exato
2. Introdução do controlo automático através de um controlador.
3. Alargamento da conceção do hardware para uma vasta gama de aplicações.

REFERÊNCIAS

[1]   A. Yagasaki, "Desempenho altamente melhorado de um transformador de isolamento de ruído por um anel de curto-circuito de película fina", IEEE Trans. Electromagn. Compat., vol. 41, no. 3, pp. 246-250, Aug. 1999.

[2]   C. Qiao e K. M. Smedley, Jan./Fev.2002, -A general three phase PFC controller for rectifiers with a series-connected dual boost topology‖, IEEE Trans. Industry Applications, vol.38, No.1, pp. 137-148. [2] I. Ashida e J. Itoh, março de 2008, -Um novo retificador PFC trifásico utilizando um método de injeção de corrente harmónica‖, IEEE Trans. Power Electronics, vol.23, No.2, pp. 715- 722

[3]   Dayton, James A., Jr.: Programa de Projeto de Transformadores Toroidais com Aplicação em Circuitos de Inversores. NASA TM X-2540, 1972.

[4]   Dupraz J. P., Fanget A., Grieshaber W., Montillet G. F., -Rogowski Coil: Ferramenta de medição de corrente excecional para quase todas as aplicações", Reunião Geral do IEEE, Tampa, FL, 24-28 de junho de 2007

[5]   I. Hernández, F. de León e P. Gómez, "Design formulas for the leakage inductance of toroidal distribution transformers", IEEE Trans. Power Deliv., vol. 26, no. 4, pp. 2197-2204, Out. 2011. V. A. Niemela, G. R. Skutt, A. M. Urling, Y. Chang, T. G. Wilson, H. A.Owen, e R. C. Wong, "Calculating the Short-Circuit Impedances of a Multiwinding Transformer From its Geometry," in Proc. IEEE Power Electron.Spec. Conf., 1989, pp. 607-617.

[6]   J. Wang, A. F. Witulski, J. L. Vollin, T. K. Phelps, e G. I. Gardwell," Derivation, Calculation and Measurement of Parameters for a Multi - Winding Transformer Electrical Model," in Proc. IEEE Applied Power Electron.Conf. and Exp., 1999, pp. 220-226.

[7]   M. Kheraluwala, R. Gascoigne, D. Divan e E. Baumann, "Performance characterization of a high-power dual active bridge dc-to-dc converter", IEEE Trans. Ind. Appl., vol. 28, no. 6, pp. 1294-1301, Nov./Dez. 1992.

[8]   M. Lambert, M. Martínez-Duró, J. Mahseredjian, F. de León, e F. Sirois," Transformer Leakage Flux Models for Electromagnetic Transients: CriticalReview and Validation of a New Model", aceite para publicação na revista IEEE Trans. Power Del.

[9]   X. S. Li, et al., "Analysis and Simplification of Three-Dimensional Space Vetor PWM for Three-Phase Four-Leg Inverters," IEEE Transactions on Industrial Electronics, vol. 58, pp. 450-464, Feb.

[10]   V. A. Niemela, G. R. Skutt, A. M. Urling, Y. Chang, T. G. Wilson, H. A.Owen, e R. C. Wong, "Calculating the Short-Circuit Impedances of a Multiwinding Transformer From its Geometry," in Proc. IEEE Power Electron.Spec. Conf., 1989, pp. 607-617.

APÊNDICE A

```cpp
#include <LiquidCrystal.h> // include Arduino LCD library
                  // LCD module connections (RS, E, D4, D5, D6, D7)
LiquidCrystal lcd (3, 4, 5, 6, 7, 8);
#define REF_VOLTAGE 1100.0 // internal bandgap reference voltage, in
millivolts
#define ACS758_SENS 10        // ACS758 sensitivity = 10mV/A (for ACS758-
200B version)
#define CUR_SEL 2             // current type select pushbutton pin
                              // define current type
#define AC 0                  // AC current
#define DC 1                  // DC current
#define AC_DC 2           // AC+DC current (AC current with DC offset)
                          // variables
byte current_type = DC;  // current type according to previous 3 definitions
const uint16_t n = 256;   // number of samples
float _array[n];          // sample array with 'n' elements
float dc_offset;          // auto-calibration dc offset

void setup(void) {
  Serial.begin(9600);
  pinMode(CUR_SEL, INPUT_PULLUP);
  lcd.begin(16, 2);  // set up the LCD's number of columns and rows
                     // ADC configuration
  ADMUX |= (1 << REFS0); // set ADC +ive vlotage reference to AVCC
  // ADC auto triggering is enabled, ADC clock division factor set to 128 (ADC
clock = 125kHz)
  ADCSRA |= (1 << ADATE) | (1 << ADPS2) | (1 << ADPS1) | (1 << ADPS0);
  // do auto-calibration to the circuit (no current should flow through the ACS758
sensor)
```

```cpp
  ADMUX |= (1 << MUX1);  // select analog channel 2 (A2) as input to ADC
  dc_offset = 0;
  get_smaples();
  for (uint16_t j = 0; j < n; j++)
    dc_offset += _array[j];
  dc_offset /= n;
  attachInterrupt(digitalPinToInterrupt(CUR_SEL), current_type_set,
FALLING);  // interrupt enable
}


volatile bool button = 0;          // variable for CUR_SEL button press
                                   // set current type: AC, DC or AC+DC
void current_type_set() {
  button = 1;
  detachInterrupt(digitalPinToInterrupt(CUR_SEL));  // interrupt disable
  loop();
}
                                   // button debounce function
bool debounce () {
  byte count = 0;
  for (byte i = 0; i < 5; i++) {
    if (! digitalRead (CUR_SEL))
      count++;
    delay (10);
  }
  if (count > 2) return 1;
  else return 0;
}
                                   // analog data acquisition function
void get_smaples() {               // clear sample array
```

```c
  for (uint16_t i = 0; i < n; i++)
    _array[i] = 0.0;
  ADCSRA |= (1 << ADEN) | (1 << ADSC); // enable ADC module and start
converion (free running mode)          // ignore the first reading
  while ((ADCSRA & (1 << ADIF)) == 0);
                              // wait for ADIF to be set (conversion complete)
  ADCSRA = ADCSRA;           // reset ADIF flag bit
                              // fill samples array with 12-bit data (add another 2
                              bits using oversampling technique)
  for (uint16_t i = 0; i < n; i++) {
    for (uint16_t j = 0; j < 16; j++) {
      while ((ADCSRA & (1 << ADIF)) == 0) ;
                              // wait for ADIF to be set (conversion complete)
      ADCSRA |= (1 << ADIF); // reset ADIF bit by writing 1 to it
      _array[i] += ADCW;
    }
  }
  ADCSRA &= ~((1 << ADEN) | (1 << ADSC));  // stop conversion and disable
ADC module, reset ADIF bit also
  for (uint16_t i = 0; i < n; i++)
    _array[i] /= 4.0;
}                                          // main loop function
void loop() {
  if (button) {                            // if current type button is pressed
    button = 0;
    if (debounce()) {
      current_type++;
      if (current_type > 2)
        current_type = 0;
    }
```

```cpp
  attachInterrupt(digitalPinToInterrupt(CUR_SEL), current_type_set,
FALLING);                                   // interrupt enable
  return;
}
// get digital representation of the internal bangap reference voltage
float bgref_voltage = 0;                  // Arduino internal reference voltage
variable
ADMUX |= (1 << MUX3) | (1 << MUX2) | (1 << MUX1); // select internal
bandgap refernce as input to ADC
get_smaples();                            // get samples
for (uint16_t i = 0; i < n; i++)
  bgref_voltage += _array[i];
bgref_voltage /= n;                       // average value
                                          // read ACS758 output voltage
float acs758_voltage = 0;        // ACS758 sensor output voltage variable
ADMUX &= ~((1 << MUX3) | (1 << MUX2));  // select analog channel 2 (A2)
as input to ADC
get_smaples();
if (current_type == AC || current_type == AC_DC) { // AC or AC+DC type
  float _offset = 0;
  if (current_type == AC) {                          // AC signal
    for (uint16_t i = 0; i < n; i++)       // caculate signal average value (dc offset)
      _offset += _array[i];
    _offset = _offset / n;
  } else                                // AC+DC signal
    _offset = dc_offset;          // the dc offset is the pre-calibrated one
                // calculate signal RMS value (digital representation)
  for (uint16_t i = 0; i < n; i++)
    acs758_voltage += sq(_array[i] - _offset);
  acs758_voltage = acs758_voltage / n;
```

```cpp
    acs758_voltage = sqrt(acs758_voltage);
  }
  else {                                    // DC type
    for (uint16_t i = 0; i < n; i++)
      acs758_voltage += _array[i] - dc_offset; // remove the pre-calibrated DC
offset
    acs758_voltage /= n;                      // average value
  }                          // calculate actual ACS758 sensor output voltage
  acs758_voltage = acs758_voltage * REF_VOLTAGE / bgref_voltage;
// now we can calculate current passing through the ACS758 sensor (in amps)
  float acs758_current = acs758_voltage / ACS758_SENS;
                           // print data on the LCD and serial monitor
  lcd.setCursor(0, 0);
  if (current_type == AC) {
    //lcd.print("AC Current =    ");
    lcd.print("Por Pri Cur Inj");
    Serial.print("AC Current = ");
  } else if (current_type == DC) {
    lcd.print("DC Current =    ");
    Serial.print("DC Current = ");
  } else {
    lcd.print("AC+DC Current = ");
    Serial.print("AC+DC Current = ");
  }
  lcd.setCursor(0, 1);
  if (acs758_current < -0.01) {
    lcd.print('-');
    Serial.print('-');
  }
  acs758_current = abs(acs758_current);
```

```cpp
  char _buffer [9];
   if (acs758_current < 10.0)                      // if current < 10.0 Amps
     sprintf(_buffer, "%1u.%02u A  ", (uint8_t)acs758_current,
(uint8_t)(acs758_current * 100) % 100);
   else if (acs758_current < 100.0)        // if 10.0 <= current < 100.0 Amps
     sprintf(_buffer, "%2u.%02u A ", (uint8_t)acs758_current,
(uint8_t)(acs758_current * 100) % 100);
   else                                     // current is >= 100.0 Amps
     sprintf(_buffer, "%3u.%02u A", (uint8_t)acs758_current,
(uint8_t)(acs758_current * 100) % 100);
   lcd.print(_buffer);
   Serial.println(_buffer);
   Serial.println();
}                                          // end of code.
```

Printed by Books on Demand GmbH, Norderstedt / Germany